AF337557

DES PRINCIPES

QUI DOIVENT INSPIRER ET GUIDER

LA

THÉRAPEUTIQUE

PAR

LE DOCTEUR RAMBAUD,

PROFESSEUR A L'ÉCOLE DE MÉDECINE DE LYON.

*Discours prononcé à l'ouverture du cours de clinique médicale
du semestre d'hiver 1868-1869.*

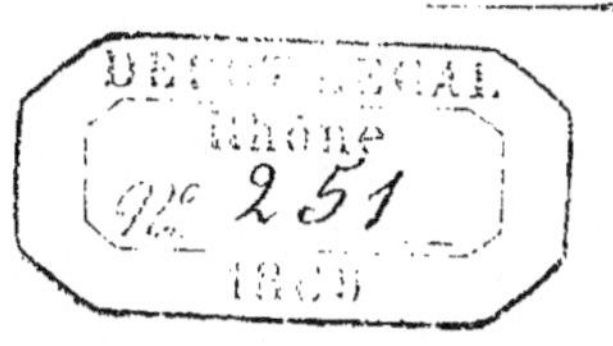

LYON

IMPRIMERIE D'AIMÉ VINGTRINIER

Rue de la Belle-Cordière, 14.

1868

DES PRINCIPES

QUI DOIVENT INSPIRER ET GUIDER

LA THÉRAPEUTIQUE

Nous commençons nos études médicales animés du désir de soulager et de guérir ; nous abordons avec ardeur des travaux qui ne sont pas toujours bien attrayants au début, dans l'espoir que ce secret précieux de la santé et de la vie nous sera un jour pleinement révélé. Quand nous sommes entrés dans la carrière militante, souvent déçus mais jamais découragés, nous sommes sans cesse en quête de moyens nouveaux et plus sûrs pour lutter contre la souffrance et la mort. Nous sommes, en un mot, du premier au dernier jour de notre vie médicale, constamment poursuivis par cette insatiable ambition de guérir, qui nous a un beau jour de notre jeunesse poussés sur les bancs de l'école. Puisque la thérapeutique est ainsi le but et la fin légitime de notre labeur, il y a quelque intérêt à se demander quelles idées et quels principes doivent l'inspirer, la guider et la féconder. C'est ce dont je voudrais spécialement vous entretenir aujourd'hui.

Pour prétendre à guérir la maladie, il faut évidemment la bien connaître ; aussi s'est-on efforcé de tout temps, toujours et partout, de s'en faire une juste idée, de découvrir ses causes, de déterminer ses conditions d'existence, de dévoiler tous ses mystères.

Cette recherche, poursuivie pendant le cours des siècles avec une énergique persévérance par une foule d'hommes éminents, n'a pas souvent rencontré le succès, et elle a propagé et répandu peut-être plus d'erreurs que de vérités. Tant d'efforts cependant ne sont pas restés complètement stériles, et s'ils n'ont pas pu mettre au jour ces notions si précieuses et si désirables, ils ont au moins montré le vice radical de certains procédés d'appréciation et le danger pour la thérapeutique des conclusions hâtives et absolues. Et puisqu'il s'agit présentement de rechercher les principes qui doivent inspirer et guider notre intervention clinique, il est absolument nécessaire que nous commencions par jeter un regard en arrière, pour voir comment nos devanciers ont compris le rapport du remède et du mal, afin d'éviter leurs fautes et de profiter de leurs enseignements.

Laissons de côté toutes les théories contemporaines de l'enfance de la science, qui n'ont rien demandé à l'observation, et que l'imagination seule a créées de toutes pièces ; laissons tous ces systèmes qui expliquaient sommairement la maladie par la mécanique, la chimie, le chaud, le froid ; par la perversion et les pérégrinations des humeurs ; par le cours des astres et les maléfices des sorciers et des démons et qui lui opposaient une thérapeutique non moins fantasque ; ils n'ont rien à nous apprendre, sinon la modestie et la défiance de nous-mêmes, en nous montrant à quels degrés d'aberrations on peut descendre quand on s'écarte des saines méthodes d'investigations, et qu'on oublie de donner une base à ses déductions, et arrivons de suite aux théories plus récentes qui ont inspiré nos prédécesseurs immédiats et laissé dans la pratique contemporaine une empreinte plus ou moins accusée.

A la fin du siècle dernier, il se rencontra un homme qui, s'emparant de l'idée physiologique de l'excitabilité des organes, déclara que la vie ne s'entretient que par une incitation incessante ; que toute maladie qui altère la santé ne menace la vie que parce qu'elle diminue ou supprime cette incitation indispensable, et que toute médication doit tendre à relever et à surexciter cette incitation bienfaisante. La pratique était ainsi réduite à une extrême simplicité, et la notion du rapport que nous cherchons mise à la portée de tout le monde.

Si singulière que cette théorie vous paraisse, elle eut un immense retentissement et se propagea au loin, et nous en retrouvons encore aujourd'hui quelques vestiges renaissants dans le pays qui lui donna naissance, et qui vient récemment de préconiser le traitement de la pneumonie, de la péricardite, des inflammations parenchymateuses et fébriles par l'alcool à hautes doses.

Vers la même époque, et comme pour faire opposition à la belle découverte de l'Ecossais Brown, Rasori, en Italie, proclamait que toute maladie procède d'une incitabilité exagérée, et que la médication antiphlogistique et contro-stimulante est le remède infaillible et nécessaire à tous maux.

La conception est aussi simple, seulement elle est radicalement inverse ; et ce qu'il y a de plus singulier dans cette opposition, c'est que la glorification des stimulants venait du Nord où les affections sont plus volontiers sthéniques, et que la préconisation des moyens dépressifs sortait d'un pays méridional où on rencontre plus communément la dépression des forces. Le temps et la raison ont fait justice des exagérations rasoriennes, et cependant telle est la persistance d'une idée qui possède le fâcheux attrait de dispenser l'esprit humain de recherche et d'efforts, qu'on rencontre encore trop souvent, en Piémont, des médecins trop enclins à abuser de la phlébotomie.

A ces systèmes qui prenaient l'organisme dans son ensemble et semblaient trouver inutile et indifférent de descendre à des investigations de détail, succéda en France une doctrine qui eut au moins la prétention de se fonder sur une étude plus complète et plus précise de la maladie et qui s'efforça de lui dérober ses secrets, en demandant au cadavre et à l'anatomie pathologique des lumières nouvelles. L'intention était bonne et louable, et néanmoins le résultat ne fut pas parfaitement satisfaisant.

Pour Broussais, l'homme est un ensemble d'organes réunis par des sympathies ; et la maladie est toujours le résultat de la surexcitation d'un de ces organes avec ou sans émotion sympathique du tout, et de cette notion il conclut hardiment que la thérapeutique tout entière est dans le contro-stimulisme et que son effet doit s'adresser, non à l'ensemble de l'organisme, mais spécialement, uniquement, dirais-je, pour être plus exact, à la surexcitation locale, source de toute réaction et de tous phénomènes morbides. Comme ses deux devanciers, Broussais aboutissait ainsi à la notion d'une thérapeutique absolue et identique toujours ; seulement il entendait lui imprimer une direction plus précise et plus exacte et il se glorifiait grandement d'avoir donné à la science, par cet effort d'analyse, un degré de plus de précision et d'exactitude.

Il est inutile assurément de discuter ces systèmes et leur manière de concevoir la maladie et la thérapeutique, et de montrer que s'ils possèdent chacun quelques lambeaux de vérité, ils sont tous radicalement condamnés par la rigueur et les excès de leurs conclusions absolues. Il est impossible, en effet, même *à priori*, d'admettre qu'un ensemble de faits aussi mobiles que ceux qui constituent l'infinie variété des états morbides, puisse surgir d'une source constamment identique, et que l'homme qui est si divers et que tant d'influences mobiles assiégent et modifient incessamment, puisse agir pathologiquement d'une façon invariable. Il n'est pas constamment surexcité ou déprimé, il est tantôt l'un et tantôt l'autre ; il est quelquefois frappé primordialement dans son ensemble, d'autrefois il est atteint primitivement dans l'un de ses organes ; mais il n'est pas voué à cette étreinte pathologique unitaire qui a toujours fait la joie et l'erreur de tous les systématiques.

Les généralisations hâtives ont toujours été un sérieux écueil pour l'esprit humain ; les théories et les doctrines que je viens de rappeler en témoignent hautement une fois de plus; mais faut-il tout répudier d'une généralisation parce que tout n'y est pas absolument justifié? faut-il repousser des idées légitimes parce qu'on a exagéré leur portée ou abusé d'elles ? Ce ne serait ni sage ni utile, car la moindre parcelle de vérité est un bien précieux qu'il faut s'assurer en le dégageant des omissions, des exagérations ou des erreurs où il est comme enfoui.

Et, dans le cas présent, il est bien évident que les successeurs immédiats de Broussais, en s'acharnant à l'œuvre d'investigation que le maître avait encouragée, ont très-notablement et très-utilement augmenté la quantité et la précision de nos connaissances en nosologie. Tout ce qui nous vient d'eux dans cet ordre d'idées est marqué d'un cachet de netteté et de précision qui enchante et séduit, et, chose singulière, comme vous allez le voir, c'est justement cet amour de la netteté et de la précision qui a introduit l'erreur dans leur manière de concevoir et d'appliquer la thérapeutique. En poursuivant sans relâche leurs recherches anatomiques, ils reconnurent bientôt que presque toujours ils rencontraient une lésion de l'organe, et que cette lésion était toujours parfaitement suffisante pour expliquer matériellement le trouble fonctionnel observé pendant la vie ; ils constatèrent , en outre, que la modification de tissu qu'ils découvraient semblait toujours, malgré des aspects divers, se rattacher au processus inflammatoire, et, de cette double notion tirée de l'étude anatomique de l'organe , ils conclurent hardiment que la maladie toute entière était dans la lésion organique, et que toute vraie et saine thérapeutique devait s'inspirer de cette idée primordiale.

Cette conception étroite mais précise donnait pleine satisfaction à l'impérieux besoin d'exactitude matérielle qui tyrannisait tous les esprits à cette époque de jeunesse et de pleine efflorescence de l'organicisme ; elle semblait un progrès si précieux et si inespéré sur la confusion des théories du passé, que, dans la crainte de l'altérer par quelque mélange, et de porter atteinte à sa pureté et à son orthodoxie, on répudiait simplement, comme suspects ou entachés d'incertitude, tous les renseignements provenant d'autres sources d'information ; mais, évidemment, tout ce que cette conception gagnait en précision et en simplicité, elle le perdait en étendue compréhensive, puisqu'elle consentait à ignorer tout ce que peuvent apprendre l'étiologie, la constitution du sujet, les lieux, les temps, les épidémies, etc., et elle ne restait précise et rigoureuse qu'à la condition de demeurer incomplète et de rester forcément étrangère à tous les enseignements de premier ordre qui procèdent de ces origines diverses et qui peuvent si efficacement contribuer à découvrir la vérité pathologique.

La thérapeutique, née d'une conception ainsi limitée par l'idée prépondérante de siége et de nature, devait à son tour nécessairement demeurer insuffisante dans bon nombre de cas, ou devenir aggressive et dangereuse dans d'autres, par des rigueurs que rien ne modérait, ne tempérait ou ne dirigeait. Inspirée par une notion qui se disait exacte et qui se croyait sûre d'elle-même ; oubliant l'homme pris dans son ensemble et la maladie considérée dans sa synthèse, sa genèse et sa variété, elle prétendit bientôt à la même rigueur et à la même exactitude, et poussa l'ambition et la témérité jusqu'à demander à la plus certaine et à la plus exacte des sciences , aux mathématiques, des procédés et des méthodes qui pussent, en dissuadant et en désintéressant l'esprit de toutes investigations et de toutes appréciations, le préserver infailliblement de toute erreur. Et c'est ainsi , en s'enivrant de ce malsain et fol amour d'une rigueur et d'une exactitude impossibles, que les organiciens en sont arrivés à constituer cette méthode du numérisme qui a joué un si grand rôle à une certaine époque. Persuadés que la réalité morbide était déterminée, que la maladie était nosographiquement fixée, qu'ils étaient en possession d'un classement parfait, ils pensèrent qu'il y avait un moyen très-simple de chercher et de trouver sûrement le rapport du mal au remède, et de fonder une thérapeutique vraiment scientifique, et que ce moyen infaillible consistait, une maladie étant donnée, à traiter des séries de malades par un seul et unique remède, pour arriver, sans idées préconçues, sans parti pris, par la comparaison et l'expérience pure, à la connaissance exacte et vraiment scientifi que, disaient-ils, du moyen qui guérissait le mieux.

Cette manière de concevoir la thérapeutique réalise certainement un progrès sur les théories absolues que j'ai signalées précédemment, puisqu'elle admet le problème et suppose la recherche; mais elle est toujours entachée d'un grave défaut, puisqu'en face d'un premier facteur invariable : le remède, elle en place un second : la maladie, qui est essentiellement variable et complexe, malgré qu'elle ait un nom en nosographie, et qu'elle ait la légitime prétention d'être une unité pathologique.

Cette manière de procéder empiriquement dérive d'une tendance innée de notre esprit, qui est un mal ou un bien, suivant l'usage que nous savons en faire. C'est un bien quand elle nous inspire la passion du vrai et qu'elle nous anime à la recherche de conceptions et de notions motivées et définitives; c'est un mal quand elle nous conduit à mettre en face les uns des autres des actes essentiellement contingents et à vouloir en faire sortir un rapport invariable; c'est un mal grave, quand, sous prétexte de certitudes à acquérir, elle nous conduit à importer dans l'étude des faits qui supposent le plus de variations, les méthodes d'investigations qui exigent avant tout l'immutabilité des choses comparées.

Aussi voyez à quels excès cette intempestive et furieuse passion d'exactitude qui demandait tout à l'expérience pure et radicale, qui se croyait d'autant plus irréprochable qu'elle invoquait des méthodes plus rigoureuses, a pu conduire des esprits éminents, abusés par le mirage d'une rigueur décevante. On a pris une maladie bien déterminée nosologiquement et organiquement, la pneumonie ou la fièvre typhoïde, par exemple, et s'inspirant d'une opinion préalable, plus ou moins fondée, ou plus naïvement même, se dépouillant de toute idée thérapeutique préconçue, on s'est dit qu'il fallait traiter imperturbablement quinze, vingt, trente de ces maladies, exclusivement par une médication ou même par un simple remède, puis additionner et comparer le résultat obtenu avec les additions et les résultats fournis par d'autres praticiens employant un autre remède. On se persuadait qu'avec un procédé aussi rigoureusement exact, on arriverait à déterminer empiriquement, d'une manière certaine et à l'abri de toute préoccupation doctrinale, passionnelle ou autre, le remède qui guérissait le mieux, le plus vite et le plus souvent la maladie ainsi livrée à l'entreprise thérapeutique. On obtint des résultats médiocrement satisfaisants et naturellement incapables de fournir une solution immuable et définitive, car ils variaient entre eux et pour la même médication, suivant les temps, les lieux et les hommes, si bien que quelques-uns des habiles expérimentateurs de cette époque célèbre furent considérés comme sages entre les sages, parce qu'ils furent amenés, après un mûr examen de toutes ces statistiques, à proclamer que toute recherche thérapeutique était vaine, que la notion du rapport de la maladie à la médication était parfaitement inutile, puisqu'il était démontré de par l'expérience pure et l'addition qu'on guérissait aussi bien par l'expectation que par les médications les plus actives.

Inutile, à coup sûr, et ce serait trop long, de discuter actuellement ce qu'il y avait d'erreur et de folle illusion dans cette façon de comprendre la médecine clinique. Une fois de plus on échouait après de nobles efforts et de grands et utiles travaux, pour avoir voulu aller trop vite, pour avoir méconnu les vraies données du problème et l'avoir mal posé; pour avoir appliqué à l'étude de faits, d'actes, de phénomènes éminemment complexes et mobiles, des procédés d'investigation qui ne veulent s'appliquer utilement qu'à ce qui est unique, identique et immuable; on échouait pour avoir oublié des vérités et des principes, qui sont cependant depuis longtemps inscrits dans les annales de notre science, et qui le sont, dans tous les cas, dans le bon sens universel et dans la logique des choses.

En effet, pour trouver la vraie thérapeutique, c'est-à-dire le rapport de la médication à la maladie, il faut sans doute et avant tout déterminer rigoureusement la maladie, ou si vous voulez, pour parler d'une façon plus générale, le fait ou la série de faits émanant de l'homme malade, et qui réclament et provoquent notre intervention. Mais cette détermination peut-elle se faire toujours, partout, chez tous, avec le même procédé, la même méthode, la même rigueur? Peut-elle aboutir toujours à une notion fixe, précise, invariable comme un chiffre, un caractère botanique ou chimique? Ce serait fort à désirer, mais malheureusement cela n'est pas, et surtout cela n'est pas possible. Si bien que la première et plus implacable condition qui s'impose à toute thérapeutique qui veut être judicieuse et efficace, c'est qu'elle se persuade bien que son but est difficile à atteindre et que ses voies sont tortueuses et semées d'écueils. Cela fait, qu'elle se rassure cependant; car il lui est possible, en s'éclairant de bons principes et en s'armant de bons instruments ou méthodes d'investigations, d'arriver à une notion plus ou moins satisfaisante du mal, et dans tous les cas suffisante pour motiver et légitimer son intervention bienfaisante, et c'est là, actuellement, ce que je voudrais faire ressortir à vos yeux.

Nous venons de voir que l'on a échoué parce qu'on a eu l'ambition de trouver une formule unique s'appliquant invariablement a tout état morbide, et dispensant en quelque sorte l'esprit de toutes recherches, de toutes poursuites curieuses, propres à différencier les cas et à signaler les nuances. Le premier enseignement qui ressorte impérieusement de cette appréciation du passé, c'est que la thérapeutique ne saurait être rigoureusement fixée à l'avance, et que pour être utilement appliquée non à la maladie, qui est une notion abstraite, mais au malade, qui est un être sentant, fonctionnant et vivant, elle a besoin avant tout d'étudier et de connaître, dans tous leurs menus détails, les actes qu'elle veut modifier et la manière de faire physiologique et pathologique de l'organisme qui se confie à elle et réclame son action.

Et en conséquence, qu'elle a pour premier devoir de puiser à toutes les sources d'information, de se défendre des partis pris, d'être modeste, attentive et défiante d'elle-même, afin de bien mesurer et calculer son effort et de l'accommoder à l'effet qu'elle veut produire et aux résultats qu'elle sollicite. Ainsi préparée et mise en garde contre elle-même et contre ses entraînements, ainsi avertie qu'elle est en face d'un problème à résoudre et non d'une addition ou d'une prescription imposée, elle pourra aborder fructueusement l'étude des aberrations qu'elle a mission de guérir, et, prévenue que les actes morbides soumis à son contrôle et déférés à son action, veulent être examinés minutieusement, elle ne les enveloppera pas hâtivement dans une égale réprobation, et ne les poursuivra pas implacablement d'une égale répression. Tous ces actes, en effet, ou si vous aimez mieux, tous ces symptômes pris isolément ou considérés dans leur ensemble, ne sont peut-être pas nécessairement nuisibles. Ils ne jouent pas toujours le même rôle et ne tendent pas tous au même but. Les combattre tous et à outrance ne serait ni logique ni sûrement opportun. L'expérience des siècles et celle de chaque jour protestent à l'envi contre cette manière de procéder et montrent péremptoirement que dans un grand nombre de circonstances le mal incline spontanément à la guérison, et que l'être vivant est pourvu d'une force propre qui lui permet de résister énergiquement aux causes de destruction qui l'assiégent, et de ramener à leur type physiologique des actes qui semblaient devoir causer sa ruine. Donc, avant tout, une thérapeutique sage doit s'inspirer de cette notion de la guérison spontanée et de la nature médicatrice qu'on a si souvent reconnue et proclamée, et répudier les allures souveraines et despotiques de ces doctrinaires empiriques que le poète a autrefois raillés et stigmatisés, et qui prétendent volontiers, parce qu'ils sont armés d'une règle, s'affranchir de toute appréciation et de tout tempérament, et travailler à la reconstruction de la santé de l'individu presque en dépit de lui et de ses plus chers intérêts.

Cette tendance si heureuse de l'organisme n'est pas toujours facile à discerner. Il est un certain nombre de maladies où elle se montre nettement, où il est impossible de la méconnaître dans son principe et même dans ses procédés ; et c'est pour l'avoir vue s'affirmer ainsi victorieusement dans le processus de la rougeole, de la variole, de l'accès de fièvre, etc., que les grands praticiens du passé l'ont proclamée une des plus solides vérités de la science médicale, et qu'ils ont expressément recommandé de lui subordonner toute thérapeutique. C'est pour apprendre à reconnaître ces manifestations, qu'ils ont édicté tout un code de ses lois, et qu'ils ont compendieusement indiqué tous les signes qui pouvaient la faire reconnaître et apprécier. Malheureusement tous ces signes passés au crible de l'expérience moderne n'ont pu résister complètement à l'épreuve clinique, et de cette déception est sortie une répulsion instinctive pour une idée très-fondée, très-légitime et surtout très-féconde, mais qui avait eu le malheur d'être exagérée et trop généralisée. Quelques enseignements pratiques ont cependant survécu à ce naufrage d'une doctrine qui a eu autrefois de si beaux jours. Ainsi ce n'est pas vainement que l'on a recommandé d'étudier avec soin dans leurs quantités et leurs qualités les sécrétions de la peau, des reins, des muqueuses diverses dans le cours des affections fébriles, de noter les variations de température senties par le sujet ou révélées par l'instrument, ou plus simplement par la main, afin de pressentir avec quelque certitude l'augmentation ou le déclin prochain de certains phénomènes, afin de provoquer ou de retenir l'action thérapeutique.

C'est avec raison et avec un sens parfait qu'on a prescrit de rechercher avec soin les tendances des symptômes et leur rôle dans l'évolution de la maladie, avant de les dévouer aux sévices d'une médication quelconque ; c'est après de persévérants efforts et une sagace et profonde observation, qu'on est arrivé à instituer cette méthode dite analytique, qui s'est donné la mission d'étudier les actes morbides dans leur rapport les uns avec les autres, afin de reconnaitre ceux qui dominent la maladie et lui donnent son cachet et sa physionomie propre; ceux qui doivent être l'objectif essentiel de la médication ; ceux dont la disparition doit amener la paix, la sécurité et le bien-être dans l'organisme.

Donc une thérapeutique bien inspirée doit s'efforcer avant d'agir, de démêler, au travers de la multiplicité des symptômes, ceux qui dominent la scène, ceux qu'il faut respecter, ceux qu'il faut combattre, ceux qui tendent au bien, ceux qui tendent au mal, et ceux qui sont indifférents, en s'aidant des méthodes et des principes que l'expérience des temps a consacrés.

Parmi les actes morbides soumis à l'action thérapeutique, il en est qui empruntent à des circonstances éloignées une signification particulière, qui n'éclate pas spontanément à tous les yeux et qui veut être soigneusement recherchée à cause de son extrême utilité. Au premier aspect, ces actes, en effet, paraissent de tous points semblables à ceux qu'on a déjà vus nombre de fois ; ils semblent se présenter dans les mêmes conditions, et cependant on s'aperçoit bientôt avec étonnement qu'ils se comportent tout autrement sous le coup de la même médication, et qu'on échoue tristement là où on pouvait se croire assuré du succès. La raison de cet échec, c'est qu'évidemment la similitude n'était pas complète ; et en y réflechissant et en y regardant, on reconnaît bientôt que si ces actes morbides étaient semblables dans leurs apparences et leur expression phénoménale, ils ne l'étaient pas par les conditions accessoires dans lesquelles ils se sont développés. On avait réussi chez un enfant, on échoue chez un vieillard, on avait vu guérir en hiver, on voit mourir en été, on avait eu une pratique heureuse *in aere romano*, comme dit Baglivi, et on voit succomber ses malades en Suisse, en Piémont ou en France ; bien plus, dans les mêmes lieux, dans des circonstances en apparence aussi semblables que possible, mais à une année d'intervalle, le succès fait défaut à la même médication ; et la cause de ces résultats disparates, c'est que l'âge, le tempérament du sujet, le climat, la saison et la constitution médicale impriment aux maladies des qualités spéciales que l'observation et l'expérience du passé laissent soupçonner et que le succès du traitement met en pleine lumière au grand bénéfice des patients et pour l'enseignement de ceux qui apprécient et respectent les vieilles traditions de notre science si souvent éprouvées et discutées et si souvent triomphantes. Donc, dirai-je encore une fois, une thérapeutique avisée doit être prudente dans ses appréciations du symptôme, se défier d'apparences qui sont quelquefois trompeuses et ne livrer à une *même* répression que les actes morbides dont elle a constaté la parfaite identité après mûr et judicieux examen.

Chaque époque apporte son contingent de travail et de découvertes à l'œuvre de la science qui tend à la conservation de l'homme. Le produit s'amasse avec le temps et chaque jour notre aptitude à guérir s'accroît avec la masse de nos connaissances ; mais, par un singulier travers de notre esprit, nous sommes, en général, enclins à nous cantonner dans un temps, dans une théorie, dans un ordre d'idées exclusives et à fermer les yeux sur une partie des vérités acquises : les uns ne veulent voir que le passé, d'autres que le présent ; les uns pensent que tout est fait, les autres que rien n'est fait ou que tout est à refaire.

Ce sont là des exagérations très-fâcheuses qui nuisent à notre éducation médicale et à l'utilité et à la perfection de notre pratique ; il faut à tout prix s'affranchir de cet exclusivisme présomptueux et apprendre à se servir dans l'intérêt des malades de toutes les notions conquises par l'effort du temps. Nous venons de signaler rapidement quelques-unes des grandes vérités-principes que nous a léguées le passé pour la direction à donner à la thérapeutique ; indiquons brièvement les conquêtes que le présent peut, non substituer, mais ajouter aux enseignements de nos ancêtres dans la science de guérir.

La maladie s'affirme sur le vivant par la perversion de la fonction, et sur le cadavre par des modifications matérielles plus ou moins appréciables. La maladie sera d'autant mieux connue et comprise que ces deux ordres de faits seront mieux connus en eux-mêmes et dans leur rapport. Elle sera d'autant plus efficacement accessible à la thérapeutique qu'elle sera mieux appréciée dans sa genèse, son processus et sa fin. Or, presque toutes les notions actuelles qui dérivent des informations puisées à ces sources physiologiques et anatomiques sont modernes, sinon contemporaines, et il est assurément plus qu'inutile de rappeler à l'auditoire qui m'écoute l'abondance et l'importance des notions que nous ont prodiguées, à l'envi, dans ces dernières années, l'anatomie pathologique et la physiologie expérimentale ; ces deux sciences, mères légitimes de la pathologie et de la thérapeutique, sont véritablement dans une période de fécondité glorieuse qui nous donne chaque jour et qui nous promet pour un prochain avenir une ample et fructueuse moisson ; par leurs progrès incessants, nous sommes déjà, et nous le serons encore plus demain, armés de moyens efficaces pour connaître, lutter et triompher.

Mais est-ce les bien apprécier et leur rendre l'hommage reconnaissant qui leur est dû, que d'isoler leurs enseignements de celui du passé ; que de leur demander autre chose et plus qu'elles ne peuvent et ne doivent donner ? Non assurément. Le passé n'exclut pas le présent, et le présent ne condamne pas le passé ; ils ont vu et étudié la maladie à des points de vue différents et leurs conclusions se complètent et ne se repoussent point. Ainsi entendues, ainsi ralliées aux vérités anciennes, les vérités nouvelles fourniront à la thérapeutique une base de plus en plus solide et utile, et l'on ne verra plus comme autrefois le médecin se complaire dans des conceptions nuageuses, ou quelquefois, comme aujourd'hui, s'isoler dans la contemplation d'un organe ou d'une fonction, en faisant en quelque sorte abstraction de l'unité physiologique ou humaine qui est en jeu.

Un mot encore et je termine. Je viens de vous parler des principes qui doivent inspirer la thérapeutique, et je me suis efforcé de vous montrer que c'était là une science qui avait ses règles et ses lois qu'on ne peut transgresser impunément ; mais ces règles sont-elles suffisamment nettes, suffisamment précises ? et peut-on espérer s'en pénétrer assez pour rester toujours dans la voie du succès ? Ici quelques restrictions ou plutôt quelques explications sont nécessaires.

Ces règles sont formulées pour s'appliquer à des faits, trop souvent encore, incomplètement connus ; pour se mesurer toujours avec l'infinie contingence et l'infinie mobilité de la vie ; elles ne peuvent donc prétendre qu'à une certitude relative et à un succès conditionnel et absolument subordonné à la façon dont elles auront été habilement et artistement interprétées et appliquées. J'ai dit artistement, et c'est à dessein que j'ai choisi ce mot, car il exprime à merveille l'idée que je voudrais pouvoir développer clairement. Notre œuvre, en effet, s'autorise et s'éclaire de données purement scientifiques ; mais à de certains moments décisifs, quand surtout nous frappons le coup thérapeutique, si l'homme de science vient, heureusement, à se doubler de l'artiste, de cet espèce de voyant qui ne raisonne pas toujours bien nettement ses actes, mais qui sait agir à propos dans la mesure et la forme voulue, qui sait se modérer ou s'abstenir opportunément, qui sait voir et sentir ce que la science ne démontre pas, l'efficacité de notre intervention peut être démesurément augmentée.

Malheureusement cette brillante et utile alliance entre des aptitudes si diverses de l'esprit humain n'est pas facile à réaliser ; elle a été et restera toujours l'apanage privilégié des princes de notre science et de notre art, mais assurés que nous sommes tous que c'est là le plus haut degré de la perfection médicale, nous ferons tous les plus grands efforts pour nous en rapprocher par l'étude persévérante du malade, afin de donner à notre action thérapeutique la plus grande somme possible d'utilité et d'efficacité secourable.